BEI GRIN MACHT SICH IHR WISSEN BEZAHLT

- Wir veröffentlichen Ihre Hausarbeit,
  Bachelor- und Masterarbeit

- Ihr eigenes eBook und Buch -
  weltweit in allen wichtigen Shops

- Verdienen Sie an jedem Verkauf

Jetzt bei www.GRIN.com hochladen und kostenlos publizieren

Bibliografische Information der Deutschen Nationalbibliothek:

Die Deutsche Bibliothek verzeichnet diese Publikation in der Deutschen National-
bibliografie; detaillierte bibliografische Daten sind im Internet über http://dnb.d-
nb.de/ abrufbar.

Impressum:

Copyright © 2016 GRIN Verlag, Open Publishing GmbH
Druck und Bindung: Books on Demand GmbH, Norderstedt Germany
ISBN: 978-3-668-14559-7

Dieses Buch bei GRIN:

http://www.grin.com/de/e-book/315460/qualitative-analyse-von-energy-drinks

Martin Gansel

Qualitative Analyse von Energy Drinks

GRIN Verlag

GRIN - Your knowledge has value

Der GRIN Verlag publiziert seit 1998 wissenschaftliche Arbeiten von Studenten, Hochschullehrern und anderen Akademikern als eBook und gedrucktes Buch. Die Verlagswebsite www.grin.com ist die ideale Plattform zur Veröffentlichung von Hausarbeiten, Abschlussarbeiten, wissenschaftlichen Aufsätzen, Dissertationen und Fachbüchern.

Besuchen Sie uns im Internet:

http://www.grin.com/

http://www.facebook.com/grincom

http://www.twitter.com/grin_com

Neben dem allgegenwärtigen Produkt „Red Bull" gibt es eine ganze Reihe von Energy-Drinks, die in der Konsumwelt einen hohen Bekanntheitsgrad haben. Die Idee dafür stammt aus der Zeit nach dem zweiten Weltkrieg aus Japan. Damals verabreichte man den Piloten Taurin zur Verbesserung ihrer Sehfähigkeit. Dadurch kamen die Energy-Drinks in Mode, diese enthielten hauptsächlich Taurin. Später importierte der Erfinder von Red Bull diese Idee nach Europa. Durch geschicktes Marketing wurde in den 80er Jahren schließlich auch dort der Energy-Drink sehr populär. Sogar die Werbung verspricht, dass Taurin und vor allem Energy-Drinks, die Taurin mit Koffein kombinieren, wach halten. Deshalb greifen auch Autofahrer immer häufiger zu Energy-Drinks.[1]

Die Inhaltsstoffe dieser Produkte sind jedoch vielfältig. Ein Großteil davon ist auf den Getränkedosen verzeichnet. Eine ganze Reihe eben dieser Bestandteile lassen sich durch unterschiedliche Methoden nachweisen.

Neben einfacheren Methoden wie der pH-Wert-Bestimmung und der Fehling-Probe ist die Hochdruckflüssigchromatographie (HPLC) geeignet, bei der die Stoffe durch ein chromatographisches Verfahren bestimmt werden.

Inhaltsstoffe und physiologische Wirkung

Alle Energy-Drinks bis auf die „sugar-free"-Varianten enthalten Zucker, hauptsächlich in Form von Glucose und Saccharose. Zucker wird schnell vom Blut aufgenommen und bewirkt damit für kurze Zeit eine Erhöhung des Blutzuckerspiegels. Um diesen konstant zu halten schüttet der Körper Insulin aus. Durch die Insulinfreisetzung wird die Aufnahme von Tryptophan im Gehirn begünstigt. Dort wird dieses Tryptophan in Serotonin umgewandelt, was wiederum stimmungsaufhellend wirkt. Somit wirkt Zucker indirekt stimmungsaufhellend und gibt dem Körper zusätzlich einen kurzfristigen Energieschub.[2]

Bei Koffein, das in allen Produkten enthalten ist, wird zwischen einer anregenden und erregenden Wirkung unterschieden, wobei die erregende Wirkung nur bei höheren Dosen auftritt. Für eine anregende Wirkung ist nur eine geringere Dosis notwendig und zeigt sich in einer Steigerung des Antriebs, der Stimmungsaufhellung und der erhöhten Konzentrationsfähigkeit. Das Koffein kann die Blut-Hirn-Schranke fast ungehindert überwinden und entfaltet seine anregende Wirkung hauptsächlich im zentralen Nervensystem. Nervenzellen tauschen im Wachzustand Botenstoffe aus und verbrauchen Energie. Dabei entsteht Adenosin als Nebenprodukt, das das Gehirn vor Überanstrengung schützen soll. Dies wird durch Adenosin ermöglicht, indem es an Rezeptoren auf Nervenzellen bindet. Wenn das der Fall ist erhält das Gehirn ein Signal die Leistungsfähigkeit zu reduzieren. Bei gesteigerter Gedächtnisleistung wird mehr Adenosin gebildet und mehr Rezeptoren werden besetzt. Koffein ist ein Adenosin-Antagonist, besitzt eine chemisch ähnliche Struktur und kann eben diese Rezeptoren besetzen. Somit wird Adenosin in seiner Wirkung kompetitiv gehemmt und das Gehirn bekommt kein Signal seine Leistungsfähigkeit zu reduzieren. Dadurch bleibt man länger wach und leistungsfähiger.[3]

Taurin kann aus der Aminsäure Cystein synthetisiert werden. Dies ist auch für den menschlichen Organismus möglich, wobei etwa 50-125mg Taurin pro Tag hergestellt werden. Es fördert die Signalübertragung im Körper und spielt eine wichtige Rolle bei der Entwicklung des zentralen Nervensystems. Die Konzentration von Taurin im Gehirn nimmt mit dem Alter ab, am höchsten ist sie im Gehirn eines Säuglings. Daher wird ihm eine Bedeutung beim Wachstum und Entwicklung des fötalen Gehirns zugeschrieben. Dazu findet sich Taurin in jedem Muskel des Körpers, auch im Herzmuskel. Hier erhöht es die Intensität der Kontraktion. Taurinmangel dagegen führen zu Störungen im Immunsystem und Entzündungen.[4]

Riboflavin ist vor allem in Milch und Milchprodukten, Fleisch, Eiern und Hefe enthalten. Wegen seiner gelben Farbe wird es als Lebensmittelzusatzstoff eingesetzt. Riboflavin ist ohne Höchstmengenbeschränkung für Lebensmittel zugelassen. Ausgenommen sind lediglich unbehandelte und solche Lebensmittel, die nach dem Willen des Gesetzgebers nicht durch Zusatzstoffe verändert werden sollen.

Der Tagesbedarf von Erwachsenen beträgt bei Männern 1,4mg und bei Frauen 1,2mg. Der Bedarf steigt mit der Energieaufnahme, so ist er bei Schwangeren und Stillenden leicht erhöht (1,5 bis 1,6mg). Dieser tägliche Bedarf wird im Normalfall durch die Ernährung gedeckt. Daher ist keine Aufnahme durch Nahrungsergänzungsmittel oder durch Energy-Drinks notwendig. Wegen seiner gelben Farbe wird Riboflavin, beziehungsweise Vitamin B2, auch als Lebensmittelfarbstoff (E101) verwendet.[5]

Die Zitronensäure mit der Formel wird in der Lebensmittelindustrie als Antioxidationsmittel, Komplexbildner und Säurungsmittel zugegeben. Früher wurde Zitronensäure aus Früchten gewonnen, heute wird sie in erster Linie biotechnologisch aus Mikroorganismen hergestellt. Als Zusatzstoff gilt sie als unbedenklich, da sie vom Körper vollständig verwertet wird. Daher ist sie als E330 zugelassen.[6]

Nahezu alle Energydrinks weisen neben der Mixtur aus Koffein, Taurin, Zucker noch Vitamine, Glucuronolacton und weitere Farb-, Aroma- oder zum Teil auch Mineralstoffe auf. Zudem sind meistens Energydrinks Kohlensäure zugesetzt, welche dem Getränk seine Spritzigkeit verleiht. Einige Energydrinks beinhalten zudem Verdickungs- und Süßungsmittel.[7]

Qualitative Untersuchungen

pH-Wert-Messung

Der pH-Wert der vorliegenden Proben wird elektronisch gemessen. Es kommt dabei eine handelsübliche Einstabmesselektrode, angeschlossen an ein geeichtes Voltmeter zum Einsatz.

Die folgende Abbildung zeigt die Versuchsanordnung am Beispiel des „Monster Energy-Drinks":

Da die Energydrinks Kohlensäure enthalten führt man die Messung direkt nach dem Öffnen durch. Diese Messungen sollen den pH-Wert unter Kohlensäureeinfluss bestimmen. Es ergaben sich bei jeweils zwei unabhängigen Messungen folgende Durchschnittswerte:

Probe	Messergebnis
Rockstar	2,73
Monster	3,30
Take off	3,05
Red Bull sugarfree	3,24
Red Bull	3,15

Dann lässt man die Proben 24 Stunden stehen und gibt dadurch der Kohlensäure Gelegenheit zu entweichen. Man führt anschließend nochmals zwei unabhängige Messungen durch.

Probe	Messergebnis	Differenz
Rockstar	2,65	-0,08
Monster	3,32	+0,02
Take off	3,10	+0,05
Red Bull sugarfree	3,23	-0,01
Red Bull	3,17	+0,02

Es zeigt sich, dass der „Rockstar Energy-Drink" am stärksten sauer und „Red Bull" stärker sauer als „Red Bull sugarfree" ist.

Die Bestimmung des Oxoniumionengehalts und der Säurekonzentration

Die Energydrinks zählen zu den Lebensmitteln, die selbst einen hohen Säuregehalt besitzen, den Säure-Lieferanten.

Sind im Körper Säuren im Überschuss vorhanden werden ihm wichtige Mineralien, wie z.B. Calcium, entzogen. Darüber hinaus kann dieser Zustand zu weiteren gesundheitlichen Problemen führen, wie Erschöpfungszustände, Herzrasen, Gelenkschmerzen, Rheuma oder Allergien.

Durch eine Messung des pH-Wertes wird die Berechnung des Säuregehaltes eines Energydrinks möglich. Grundlage dafür ist folgende Beziehung:

$$pH = - \lg c(H_3O^+)$$

Diese Methode wird bei allen fünf Proben verwendet, wobei die Proben nach 24stündiger Standzeit verwendet werden. Man erhält daraus folgende Werte für die Oxoniumionenkonzentration:

	Zitronensäurekonzentration
Rockstar	$6,76 \cdot 10^{-3}$
Monster	$3,09 \cdot 10^{-4}$
Take off	$8,51 \cdot 10^{-4}$
Red Bull sugarfree	$4,47 \cdot 10^{-4}$
Red Bull	$6,14 \cdot 10^{-4}$

Diese Werte zeigen nur die Konzentration der Oxoniumionen und geben keine Auskunft über den Gehalt an Säure, die den Drinks als Säurungsmittel zugesetzt wird.

Dabei ist davon auszugehen, dass hauptsächlich Zitronensäure zugesetzt wurde. Leider konnten vom Hersteller Red Bull GmbH leider keine weiteren Auskünfte dazu erhalten werden. Es kann aber davon ausgegangen werden, dass darüber hinaus weitere Säuren zugesetzt werden.

Die Zitronensäure ist eine schwache Säure, die in wässriger Lösung nicht vollständig protolysiert, sondern in einem Protolysegleichgewicht vorliegt. Die Lage eines derartigen Gleichgewichts wird über den pK_S-Wert beschrieben. Die Zitronensäure kann in Berechnungen näherungsweise als einprotonige Säure angenommen werden, wobei der pK_{S1}-Wert der Zitronensäure bei 3,13 liegt.[8]

Dadurch kann aus den einzelnen pH-Werten näherungsweise die Konzentration der Zitronensäure berechnet werden:

Probe	Zitronensäurekonzentration [mol/l]
Rockstar	$6,76 \cdot 10^{-3}$
Monster	$3,09 \cdot 10^{-4}$
Take off	$8,51 \cdot 10^{-4}$
Red Bull sugarfree	$4,47 \cdot 10^{-4}$
Red Bull	$6,14 \cdot 10^{-4}$

Bezieht man sich auf die auf Getränkedosen üblichen Angaben in [g/100ml] ergeben sich folgende Werte:

Probe	Zitronensäuremasse [g/100ml]
Rockstar	142
Monster	6,49
Take off	17,89
Red Bull sugarfree	9,39
Red Bull	12,96

Die Fehling-Probe

Aldehyde lassen sich im Gegensatz zu Ketonen und Alkoholen mit relativ schwachen Oxidationsmitteln zu Carbonsäuren oxidieren. Dabei wird das H-Atom des Carbonylkohlenstoffatoms abgespalten. Die Glucose zeigt die meisten typischen Reaktionen der Aldehyde, da in einer Glucoselösung immer ein Anteil in der offenkettigen Aldehydform vorliegt. Sie zeigt somit auch reduzierende Eigenschaften. So fällt mit der Glucose die Fehling-Probe positiv aus.

Dazu wird eine wässrige Kupfer(II)-sulfatlösung (Fehling I) mit verdünnter Natronlauge versetzt, die Kaliumnatriumtartrat enthält (Fehling II). Die Tartrationen binden die Kupfer(II)-ionen komplex (tiefblaue Farbe), wodurch die Ausfällung von Kupfer(II)hydroxid verhindert wird. Die Kupfer(II)-ionen werden in alkalischer Lösung beim Erhitzen mit Aldehyden zu ziegelrotem Kupfer(I)-oxid reduziert, das je nach abgeschiedenen Mengen einen entsprechenden Niederschlag ergibt.[8,9]

Ox.:

$$
\begin{array}{c}
H-\overset{\displaystyle O}{\underset{|}{C}} \\
H-\overset{|}{\underset{|}{C}}-OH \\
HO-\overset{|}{\underset{|}{C}}-H \\
H-\overset{|}{\underset{|}{C}}-OH \\
H-\overset{|}{\underset{|}{C}}-OH \\
H-\overset{|}{\underset{|}{C}}-OH \\
H
\end{array}
\;+\;2\,OH^- \;\rightarrow\;
\begin{array}{c}
HO-\overset{\displaystyle O}{\underset{|}{C}} \\
H-\overset{|}{\underset{|}{C}}-OH \\
HO-\overset{|}{\underset{|}{C}}-H \\
H-\overset{|}{\underset{|}{C}}-OH \\
H-\overset{|}{\underset{|}{C}}-OH \\
H-\overset{|}{\underset{|}{C}}-OH \\
H
\end{array}
\;+\;2\,e^- \;+\;H_2O
$$

Red.: $\quad 2\,Cu^{2+} \;+\; 2\,e^- \;+\; 2\,OH^- \quad \rightarrow \quad Cu_2O \;+\; H_2O$

Ergebnis

Nach der Vorbereitung wird zum Fehling-Gemisch die gleiche Menge an Energy-Drink gegeben. Eine positive Reaktion lässt sich am orange-roten Niederschlag erkennen (der sich im Lauf der Zeit absetzt):

Probe	Prüfgegenstand	Messergebnis
1	Blindprobe	Negativ
2	Red Bull	Positiv
3	Red Bull sugarfree	Negativ
4	Take off	Positiv
5	Monster	Positiv
6	Rockstar	Positiv

Die HPLC-Bestimmung

HPLC steht als für „High Performance Liquid Chromatography" (= Hochleistungs-Säulen-Flüssig-Chromatographie).

Ziel der Methode ist es Stoffgemische in ihre Bestandteile aufzutrennen. Das wird besonders dann verwendet, wenn sich die Stoffe chemisch sehr ähnlich und damit schwer zu trennen sind. Grundlage ist die Verteilung der Stoffe in zwei Phasen, der mobilen und der stationären Phase. Dabei wird die mobile Phase an einem Feststoff (stationäre Phase) vorbeigeführt. Dabei können die Teilchen unterschiedlich stark adsorbiert werden, so dass sich eine Trennung der einzelnen Stoffe des Stoffgemisches ergibt. Dieser Vorgang ist reversibel, so dass die Stoffe auch wieder in die mobile Phase übergehen können. Bei der HPLC befindet sich der Feststoff in einer Säule, an dem die mobile Phase vorbeigeführt wird.[10]

Für die vorliegende Untersuchung werden folgende Versuchsbedingungen gewählt: Die Proben werden jeweils 1:10 mit Reinstwasser verdünnt. Zur Herstellung des Fließmittels wird 0,2%ige Essigsäure verwendet. Diese wird mit Acetonitril in einem Volumenverhältnis 85:15 konzentriert. Als Trennsäule wird die Edelstahlsäule LiChrospher 60 RP-select B der Firma Merck verwendet. Die Flussrate des Fließmittels beträgt 1,0 ml/min. Das verwendete Volumen der Proben beträgt jeweils 10µl, die Säulentemperatur liegt bei Raumtemperatur. Die Detektion von Koffein erfolgte bei 280nm, die von Taurin bei 340nm über einen UV-Detektor.

Ergebnisse

Die folgenden HPLC-Chromatogramme zeigen die Bestimmung der Inhaltsstoffe verschiedener Energy-Drinks. Um diese zu identifizieren wurde zunächst die Co-Chromatogramme der Reinstoffe Taurin, Riboflavin, Koffein und Glucose ermittelt und im Anschluss daran die für Rockstar und Red Bull aufgezeichnet.

Taurin:

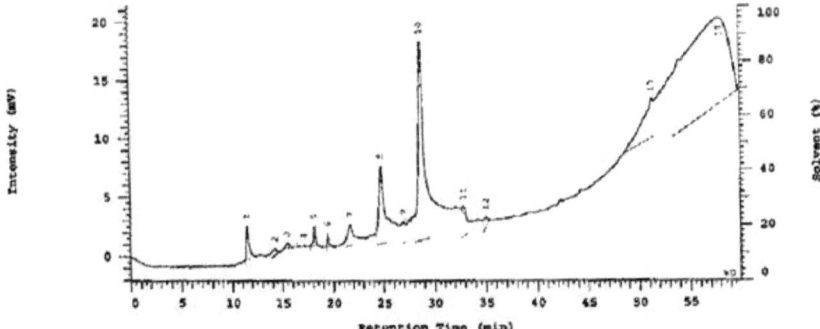

No.	RT	Area	Height	Area %
1	11,49	44377	2823	1,185
2	14,28	17652	536	0,471
3	15,45	10078	379	0,269
4	17,12	903	126	0,024
5	18,14	19977	1600	0,534
6	19,47	11498	1141	0,307
7	21,71	53810	1757	1,437
8	24,78	238138	6578	6,360
9	26,93	2341	185	0,063
10	28,72	683149	17023	18,244
11	32,91	12167	582	0,325
12	35,04	25586	787	0,683
13	51,29	260178	3398	6,948
14	58,05	2364668	7319	63,150
		3744522	44234	100,000

Riboflavin:

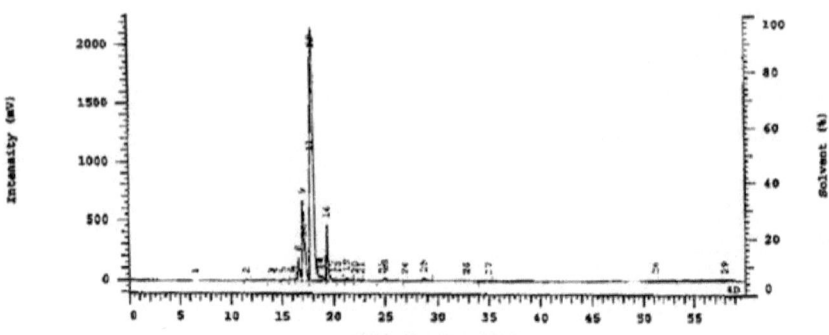

No.	RT	Area	Height	Area %
1	6,53	2921	193	0,004
2	11,48	78733	3690	0,110
3	13,96	61142	2453	0,085
4	14,23	64311	3452	0,089
5	15,14	189633	9354	0,264
6	15,92	310311	11659	0,432
7	16,41	140429	18124	0,195
8	16,61	2480501	190394	3,450
9	17,05	9402402	673076	13,079
10	17,21	350375	34131	0,487
11	17,79	5897344	1042770	8,203
12	17,95	16237697	2157322	22,587
13	18,05	25646228	2137624	35,675
14	18,70	58798	8361	0,082
15	18,93	268970	19991	0,374
16	19,40	5923892	470593	8,240
17	19,93	11902	1112	0,017
18	20,43	10809	570	0,015
19	21,29	245642	18271	0,342
20	22,09	7523	694	0,010
21	22,75	60631	3843	0,084
22	24,75	218513	8545	0,304
23	25,00	450060	24318	0,626
24	26,91	55344	3132	0,077
25	28,69	725100	18317	1,009
26	32,87	109487	3379	0,152
27	35,03	81498	689	0,113
28	51,25	278085	3585	0,387
29	58,03	2520141	7686	3,506
		71888422	6877328	100,000

Koffein:

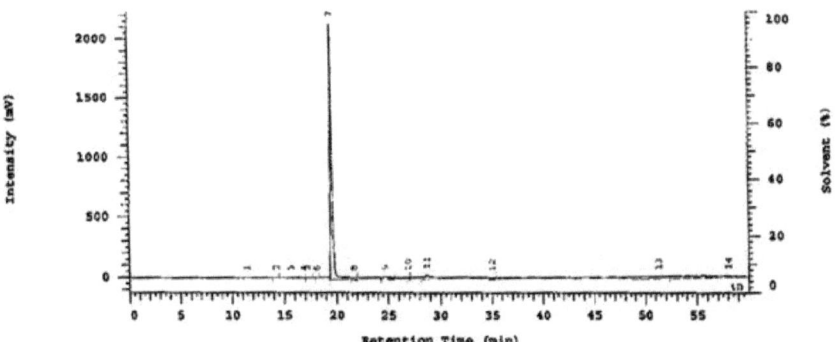

No.	RT	Area	Height	Area %
1	11,46	43038	2784	0,107
2	14,27	24036	753	0,060
3	15,66	34973	1052	0,087
4	16,91	11035	838	0,027
5	17,17	14438	1045	0,036
6	18,15	2389	254	0,006
7	19,54	26685089	2142357	66,067
8	21,71	18267	887	0,045
9	24,79	1471941	22386	3,644
10	26,94	334858	16814	0,829
11	28,72	1764728	31636	4,369
12	35,04	671892	15394	1,663
13	51,31	3375898	18732	8,358
14	58,05	5938545	10718	14,703
		40391127	2265650	100,000

Glucose:

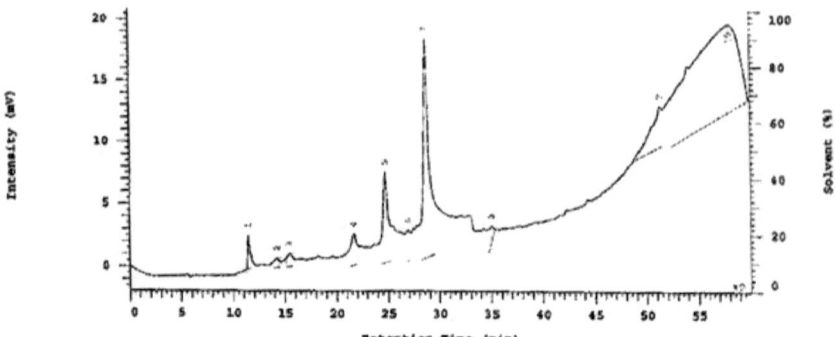

No.	RT	Area	Height	Area %
1	11,45	42119	2690	1,070
2	14,25	25770	757	0,655
3	15,45	33086	1031	0,840
4	21,69	85143	2501	2,162
5	24,75	244299	7332	6,205
6	26,91	52437	2470	1,332
7	28,69	671145	17720	17,046
8	35,04	44227	1248	1,123
9	51,31	249858	3330	6,346
10	58,00	2489200	7148	63,221
		3937284	46227	100,000

Rockstar:

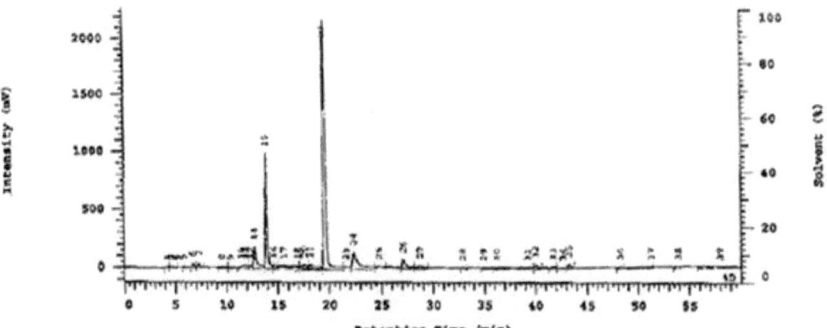

No.	RT	Area	Height	Area %
1	4,23	101015	6384	0,121
2	4,55	106719	6163	0,128
3	4,79	47654	5453	0,057
4	5,11	76046	4848	0,091
5	5,77	111524	8524	0,134
6	6,67	587956	38131	0,706
7	7,32	840368	40548	1,009
8	9,54	525132	11147	0,630
9	10,41	173366	6944	0,208
10	11,52	405131	20933	0,486
11	11,77	393151	28819	0,472
12	11,95	270992	21464	0,325
13	12,27	481188	22582	0,577
14	12,74	3650457	187456	4,381
15	13,87	14509372	993900	17,413
16	14,62	140478	11185	0,169
17	15,63	731388	8167	0,878
18	16,91	272884	14725	0,327
19	17,16	379874	16073	0,456
20	17,59	723231	30860	0,868
21	18,16	1921287	29445	2,306
22	19,50	33558003	2189959	40,274
23	21,62	31660	1038	0,038
24	22,34	6175441	147391	7,411
25	24,81	4109017	22928	4,931
26	27,10	1196963	64459	1,436
27	28,71	479654	15431	0,576
28	32,92	22438	1563	0,027
29	34,99	450173	12680	0,540
30	36,25	1075115	12595	1,290
31	39,25	1027801	10244	1,233
32	40,03	815403	33912	0,979
33	41,77	528189	15559	0,634
34	42,71	533445	9606	0,640
35	43,29	849314	41563	1,019
36	48,25	640644	18745	0,769
37	51,27	2107693	12877	2,529
38	53,95	629406	14530	0,755
39	58,00	2645592	11605	3,175

Red Bull:

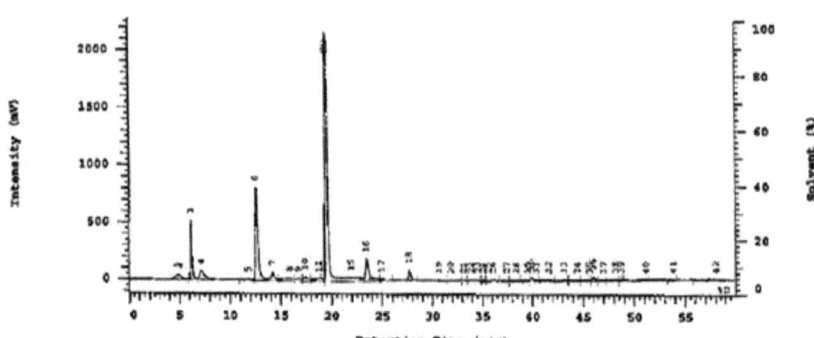

NO.	RT	Area	Height	Area %
1	4,72	839783	42108	0,891
2	5,00	856607	37569	0,909
3	6,17	4499264	520015	4,774
4	7,17	2862453	78201	3,038
5	11,80	747452	9566	0,793
6	12,59	13974600	821878	14,829
7	14,19	1548300	71647	1,643
8	15,89	1706685	19846	1,811
9	16,73	948308	20369	1,006
10	17,40	1229747	38738	1,305
11	18,77	1322408	24116	1,403
12	19,19	266968	24744	0,283
13	19,46	14016136	2180181	14,873
14	19,52	33453225	2150157	35,499
15	21,93	835324	8417	0,886
16	23,47	3462707	178512	3,674
17	24,98	91923	3833	0,098
18	27,71	1334235	87852	1,416
19	30,65	40329	1852	0,043
20	31,88	29774	632	0,032
21	33,16	16271	1022	0,017
22	33,89	470877	9965	0,500
23	34,56	322647	10185	0,342
24	35,05	272071	8900	0,289
25	35,57	187019	8470	0,198
26	36,09	464559	8779	0,493
27	37,44	413454	7227	0,439
28	38,43	437951	6954	0,465
29	39,53	257214	6333	0,273
30	39,93	573021	31599	0,608
31	40,44	188051	7540	0,200
32	41,68	622971	10900	0,661
33	43,20	499392	8924	0,530
34	44,45	390542	6055	0,414
35	45,63	321127	5094	0,341
36	46,00	609666	33543	0,647
37	47,01	250733	5701	0,266
38	48,17	422902	8628	0,449
39	48,73	143384	5907	0,152
40	51,17	753566	8162	0,800
41	53,87	470031	9998	0,499
42	58,05	2082452	9685	2,210
		94236129	6539804	100,000

Auswertung

Die Untersuchung der Getränke belegt in allen Fällen, die gegebenen Inhaltsstoffe. Dazu wurden Retentionszeiten der verschiedenen Substanzen dokumentiert. Die Totzeit, d.h. die Zeit zwischen dem Aufzeichnungsstart und der Injektion der Probe wurde bereits berücksichtigt.

Auffällig ist bei den beiden Proben Rockstar und Red Bull der deutliche Peak bei RT 19,50, was dem hohen Koffeingehalt entspricht. Auch der Peak bei RT 28,70, dem Taurin zugeordnet werden kann ist in beiden Proben zu erkennen. Ebenso ist bei RT 18 in den Proben ein deutliches Signal zu erkennen. Dies entspricht dem stärksten Peak von Riboflavin. Die Stärke des Signals ist zwar deutlich geringer, allerdings wird es auch nur zur Färbung des Produkts zugesetzt. Einzelne Peaks der Glucose bei RT 24,75 oder RT 58 lassen sich auch in den Proben Rockstar und Red Bull wiederfinden, wenn auch nicht in einer Stärke wie bei Koffein oder Taurin.

Bei den Ergebnissen all dieser Messreihen lassen sich Abweichungen zu den Reinstoffen feststellen. Grundsätzlich haben die Stammlösungen eine maximale Reinheit von 99%. Die Fließgeschwindigkeit der erzeugten Pumpe, sowie weitere Umweltfaktoren wie Temperatur oder Luftdruck sind dabei jedoch zu berücksichtigen.

Literaturverzeichnis

1. http://energy-drinks-extrem.weebly.com/geschichte-des-energy--drinks.html

2. Gerald A. Dienel and Leif Hertz: Glucose and lactate metabolism during brain activation, Journal of Neuroscience Research, Volume 66, Issue 5, pages 824–838, 1 December 2001.

3. Elmenhorst D[1], Meyer PT, Matusch A, Winz OH, Bauer A: Caffeine occupancy of human cerebral A1 adenosine receptors: in vivo quantification with 18F-CPFPX and PET. J Nucl Med. 2012 Nov;53(11):1723-9. doi: 10.2967/jnumed.112.105114. Epub 2012 Sep 10.

4. Bulley S, Liu Y, Ripps H, Shen W: Taurine activates delayed rectifier Kv channels via a metabotropic pathway in retinal neurons; J Physiol. 2013 Jan 1;591(Pt 1):123-32. doi: 10.1113/jphysiol.2012.243147. Epub 2012 Oct 8

5. Hilary J Powers: Riboflavin (vitamin B-2) and health, The American Journal of Clinical Nutrition, 06/2003

6. Lin CH, Lai YL; Toxicol Appl Pharmacol 206 (3): 343-50 (2005)

7. John P. Higgins, MD, MPhil, Troy D. Tuttle, MS, and Christopher L. Higgins, BHMS (ExSc): Energy Beverages: Content and Safety. Mayo Clin Proc. Nov 2010; 85(11): 1033–1041.

8. Jander/Jahr: Maßanalyse, 17. Auflage, de Gruyter, Berlin 2009

9. Charles A. Janeway, Paul Travers, Mark Walport, Mark Shlomchik: Immunbiologie, Spektrum Akademischer Verlag, 5. Auflage, 2002

10. Veronika R. Meyer: Praxis der Hochleistungs-Flüssigkeitschromatographie, Salle+Sauerländer-Verlag 1992.

BEI GRIN MACHT SICH IHR WISSEN BEZAHLT

- Wir veröffentlichen Ihre Hausarbeit,
  Bachelor- und Masterarbeit

- Ihr eigenes eBook und Buch -
  weltweit in allen wichtigen Shops

- Verdienen Sie an jedem Verkauf

Jetzt bei www.GRIN.com hochladen
und kostenlos publizieren